U0199713

海洋生物秀

［英］DK公司　编著

朵　朵　译

赵昊翔　校译

黑龙江少年儿童出版社

登记号：黑版贸审字08-2018-155号

图书在版编目（CIP）数据

海洋生物秀 / 英国DK公司编著；朵朵译. -- 哈尔滨：黑龙江少年儿童出版社，2019.3
（DK幼儿创意思维训练）
ISBN 978-7-5319-5992-2

Ⅰ. ①海… Ⅱ. ①英… ②朵… Ⅲ. ①海洋生物—儿童读物 Ⅳ. ①Q178.53-49

中国版本图书馆CIP数据核字(2018)第236561号

DK | Penguin Random House

DK幼儿创意思维训练
海洋生物秀
Haiyang Shengwuxiu

［英］DK公司 编著

朵 朵 译

赵昊翔 校译

出 版 人 商 亮
项目策划 顾吉霞
责任编辑 顾吉霞 张 喆
出版发行 黑龙江少年儿童出版社
（哈尔滨市南岗区宣庆小区8号楼 邮编 150090）
网 址 www.lsbook.com.cn
经 销 全国新华书店
印 装 深圳当纳利印刷有限公司
开 本 787mm×1092mm 1/16
印 张 2
字 数 40千字
书 号 ISBN 978-7-5319-5992-2
版 次 2019年3月第1版
印 次 2019年3月第1次印刷
定 价 39.80元

（如有缺页或倒装，本社负责退换）

本书中文版由Dorling Kindersley授权黑龙江少年儿童出版社出版，未经出版社允许不得以任何方式抄袭、复制或节录任何部分。
版权所有，翻印必究。

Original Title: Sharks and Other Sea Creatures
Copyright © 2017 Dorling Kindersley Limited, London.
A Penguin Random House Company

A WORLD OF IDEAS:
SEE ALL THERE IS TO KNOW
www.dk.com

给父母的话
这本书是专门为您的孩子量身打造的，且非常适合亲子互动。希望您能和孩子共度充满欢乐的亲子时光，不过一定要注意安全——尤其是在使用剪刀等具有一定危险性的物品时。祝你们玩得愉快哦！

目　录

海洋里生活着哪些动物

海洋(Ocean)里不只有鱼类(Fish),还生活着爬行动物(Reptiles)、哺乳动物(Mammals)和无脊椎动物(Invertebrates)等。

● 蝠鲼

● 刺河豚

● 蓝枪鱼

● 喇叭鱼

● 石斑鱼

● 神仙鱼

● 海马

● 小丑鱼

看一看,你能找到多少种哺乳

● 螃蟹

● 哺乳动物

哺乳动物是恒温动物,比如我们人类。哺乳动物的幼崽生下来后,靠吃妈妈的乳汁长大。

爬行动物

爬行动物全身覆盖着鳞片或者硬甲,它们用肺呼吸。

抹香鲸

海豚

水母

鲨鱼

海龟

章鱼

墨鱼

狮子鱼

鹦鹉鱼

寄居蟹

海星

动物、爬行动物、鱼类和无脊椎动物。

● 鱼类

有些鱼类生活在淡水中，有些则生活在海水中。大多数鱼类长有硬骨，用鳃呼吸。

● 无脊椎动物

无脊椎动物是指没有脊椎的动物。海洋中的无脊椎动物包括水母、螺类、贝类、海绵和蠕虫等。

巨大的捕食机器

鲨鱼以各种鱼类为食，绝大多数鲨鱼对人类其实是无害的。在各大洋中都有鲨鱼的踪迹。

你知道吗？
大白鲨是世界上最大的食肉鱼类，它的体长可达6米以上。

大白鲨

大白鲨喜欢生活在温度较低的海域中，通常在海岸附近活动。

对于人类来说，只有少数几种鲨鱼是危险的，而大白鲨(Great white shark)就是其中体形最大、速度最快、最具威胁性的。它的嘴里长着几百颗锋利的牙齿，猎物只要被咬上一口就能致命。

最大

鲸鲨是世界上最大的鱼类，通常体长可达12米，最大的个体体长达20米。

最快

灰鲭鲨是游泳速度最快的鲨鱼，最高游泳速度可达56千米/小时。

最凶猛

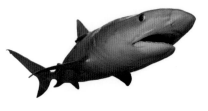

虎鲨以残暴的猎杀方式而闻名。它们通常在海岸附近寻找猎物，几乎什么都吃。

双髻鲨

双髻鲨(Hammerhead shark)的眼睛位于头部两侧，两眼之间的距离很宽，可以看见360°范围内的景象。因此它们可以轻松地发现猎物。

豹纹鲨

豹纹鲨(Leopard shark)因为身上长有酷似豹纹的斑纹而得名。它们以贝类、虾、蠕虫、螃蟹、鱿鱼和小型鱼类为食。

鲨鱼拼贴画

千万不要害怕这条张着大嘴的鲨鱼，它只是受到了惊吓。这幅鲨鱼拼贴画制作起来很简单，也很有趣。

制作好这幅鲨鱼拼贴画之后，你可以把它用画框裱起来摆在家中，也可以作为礼物送给好朋友。

你需要准备：
铅笔
彩色卡纸
剪刀
胶水
皱纹纸
画框

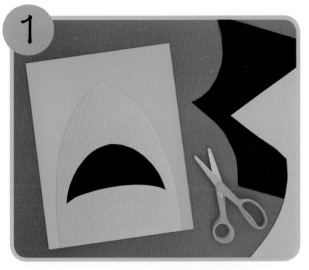

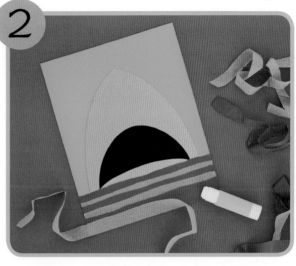

在彩色的卡纸上画出鲨鱼的头部和嘴的轮廓，把它们剪下来，然后粘在一张蓝色的卡纸上。

将蓝色的皱纹纸剪成长条。然后把深蓝色的纸条和浅蓝色的纸条交替粘在卡纸下方。

在黑色卡纸和白色卡纸上画出大小不同的圆形，将圆形剪下来，做成鲨鱼的眼睛，将眼睛粘在鲨鱼的头部。

在白色卡纸上画出一些小·三角形，将这些小·三角形剪下来，这就是鲨鱼的牙齿。把牙齿粘在鲨鱼的嘴里，鲨鱼拼贴画就完成啦!

小丑鱼（Clownfish）

珊瑚礁是鱼类的家园。在珊瑚礁中生活着一种叫作海葵的生物，它是小丑鱼最好的伙伴，可以帮助小丑鱼抵御天敌的攻击。

小丑鱼对海葵也是有益的，它们可以帮海葵吃掉剩余的食物残渣，还能帮海葵清理身体。

你知道吗？

并不是所有的小·丑鱼身上都长有白色和橙色的斑纹。有些小·丑鱼是黄白相间的，有些是黑白相间的，还有些是红白相间的。

多刺的保护

海葵的触手上长有有毒的刺细胞，可以蜇刺敌人。小·丑鱼的体表覆盖着一层厚厚的黏液，以保护自己不被海葵蜇到。因此，只要小·丑鱼躲在海葵有毒的触手间，其天敌就不敢来侵犯了。

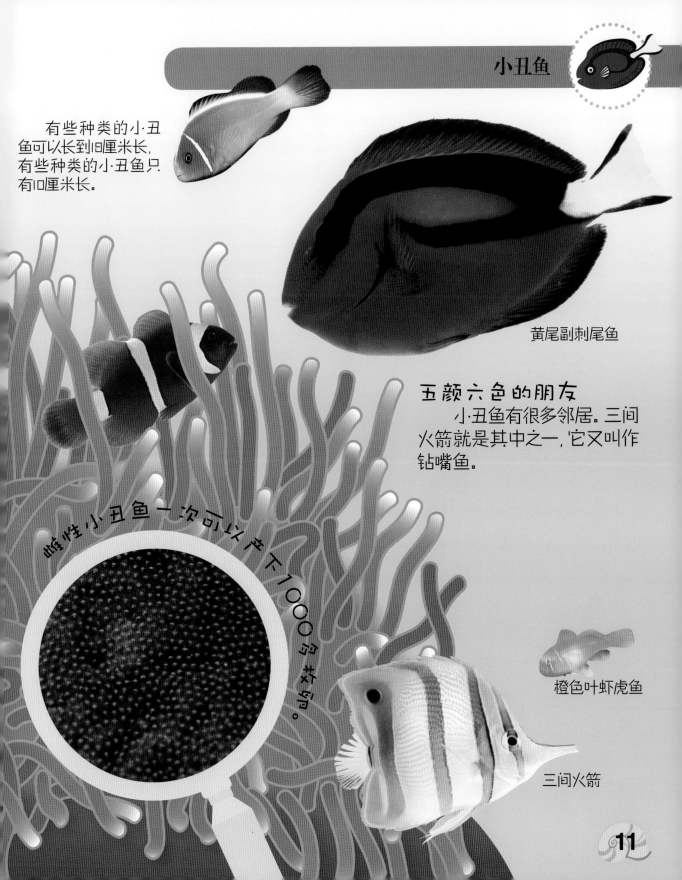

有些种类的小·丑鱼可以长到18厘米长，有些种类的小·丑鱼只有10厘米长。

黄尾副刺尾鱼

五颜六色的朋友

小·丑鱼有很多邻居。三间火箭就是其中之一，它又叫作钻嘴鱼。

雌性小丑鱼一次可以产下1000多枚卵。

橙色叶虾虎鱼

三间火箭

11

纸盘小丑鱼

快来动手制作一条色彩鲜艳的纸盘小丑鱼，享受属于你的海底派对吧！

你需要准备：
铅笔
纸盘
剪刀
胶带
颜料和画笔
仿真眼睛

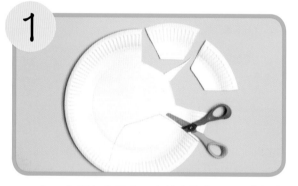

1 在一个纸盘上画出两个较小的半弧形（当作鱼鳍）和一个较大的半弧形（当作鱼尾）。将这些半弧形剪下来。

2 把鱼鳍和鱼尾用胶带粘在另一个纸盘的背面。在纸盘上剪出一个扇形，这就是小丑鱼的嘴巴。

3 把纸盘翻转过来，用橘红色的颜料画出条纹，把鱼鳍和鱼尾都涂成橘红色。

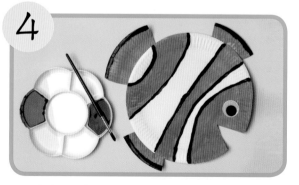

4 在条纹、鱼鳍和鱼尾的边缘涂上黑色的线条。等颜料干燥之后，粘上仿真眼睛，纸盘小丑鱼就完成啦！

在小·丑鱼身上涂上
不同的颜色和图案，让
各式各样的鱼儿在海洋
中畅游吧！

13

彩虹鱼

这些色彩斑斓的鱼儿看起来非常漂亮，它们都生活在温暖的浅海中。

蓝色（BLUE）

黄色（YELLOW）

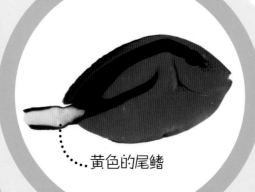

······黄色的尾鳍

小·时候，黄尾副刺尾鱼的身体是亮黄色的。长大后，它们的身体会慢慢地变成蓝色。

白天时，黄高鳍刺尾鱼的身体为明亮的黄色，但是到了晚上，它们的身体上就会出现棕色和白色的斑点。

靠近海岸

　　这些外表鲜艳的鱼类一般不会游到深海中去。它们更喜欢生活在浅海、潟湖和珊瑚礁附近。

花斑连鳍用鲜艳明亮的体色警告其他动物："不要吃我！"

橘红色（ORANGE）

黑色条纹

你很难分辨火焰神仙鱼是雄性的还是雌性的，因为它们的外表太相似了。

紫色和黄色（PURPLE AND YELLOW）

鬼王鱼的身体前半部分是紫色的，但在水下看起来却是蓝色的。

水母

　　水母（Jellyfish）是一种群居动物，它们有柔软的身体和长长的触手，看起来就像一朵朵娇嫩的花朵，在海洋中随波逐流。

奇怪的泳姿

　　水母通过不断地开合身体，向后喷射出水流，来推动身体向前游动。

光之舞

　　世界上约有250种水母，它们大小不同、体形各异，有些水母还能在黑暗的海水中发出点点亮光呢！

柔软的身体

水母柔软、充满弹性的身体被称为"钟状体"。钟状体下方伸出的长触手上长有毒刺，所以一定要离水母远一点儿哦！

太平洋黄金水母

你知道吗？

水母用长长的触手来捕捉猎物。它们以小鱼、虾和其他水母为食。

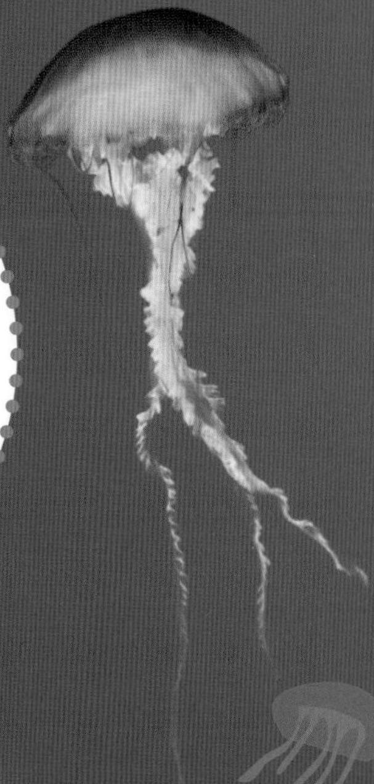

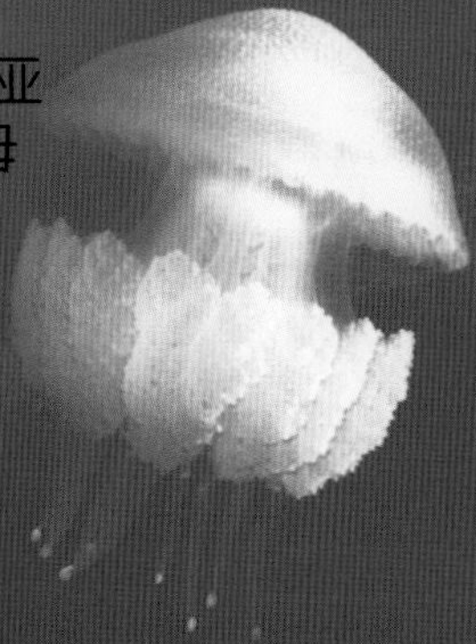

澳大利亚
斑点水母

水母挂饰

快来动手制作一个美丽的水母挂饰，装饰一下你的卧室吧！

你需要准备：
铅笔，纸碗，细绳，颜料，画笔，闪粉，胶水，剪刀，各种丝带和花边，胶带，仿真眼睛

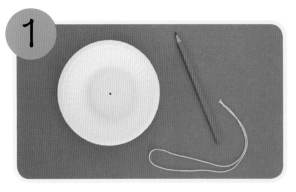

用铅笔在纸碗的中心钻一个小孔，将细绳穿过小孔并打结。

将纸碗涂上颜色。待颜料干透后，涂上一层闪粉，再涂上一层胶水，然后放到一旁晾干。

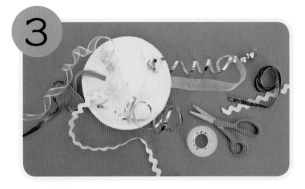

将丝带和花边剪成小段。将纸碗翻过来，把这些丝带和花边逐条粘在纸碗的边缘。

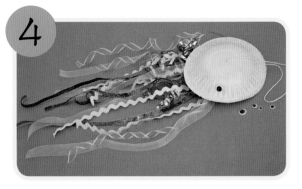

把纸碗再次翻过来，粘上仿真眼睛，水母挂饰就完成啦！

你可以制作各种各样的水母挂饰，尽情发挥你的想象力，把各种颜色组合起来吧！

海星

海星（Starfish）是一种棘皮动物。它们不会游泳，只能在海底缓慢地爬行。

6

数一数
这里有几只海星。

你知道吗？
海星又叫作星鱼。

海星的腕上长着许许多多细小的管足，这些管足可以帮助它们在沙地和礁石上爬行。

4

7

5

海星每只腕的末端都有一个眼点，用来感知光线。

1

3

8

2

海星有多少只腕？

大多数海星有5只腕，但有些海星的腕多达40余只。海星失去的腕很快会再生出来。

9

11

这只海星有几只腕？

全世界有1600多种海星。

10

12

与众不同

与鱼类不同，海星没有鳍、鳃和鳞片，它们通过细小的管足在海底缓缓地移动。

21

刺河豚

在茫茫的大海中，游不快的小鱼很容易成为大鱼的食物。不过，刺河豚是个例外，因为它有自己的秘密武器——可以迅速膨胀成一个刺球！

刺河豚变身前

因为河豚与刺河豚是近亲，所以河豚也会变身。

河豚（Pufferfish）变身前

你知道吗？
刺河豚的胃具有伸缩性，因此它可以轻松地变大和缩小。

刺球
刺河豚身上长着密密麻麻的小刺，这些刺平时紧贴在它的身体上，一旦膨胀起来，就会形成一个刺球，让敌人无法下口。

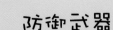

防御武器

刺河豚通过迅速吞下大量的水或者空气,让自己膨胀起来。刺河豚之所以要变得"气鼓鼓"的,是为了保护自己。膨胀成球的刺河豚体形大了很多,让敌人无法下口。

竖立的棘刺

刺河豚变身后

刺河豚一旦膨胀起来,体形可以达到原来的三倍以上!

河豚变身后

致命触碰

大多数刺河豚都是有毒的。对于海洋中的其他生物来说,它们很危险。

23

刺河豚画

用色彩亮丽的颜料和塑料叉子，就能画出生动的刺河豚，你想试一试吗？

你可以在生日贺卡和节日贺卡上作画，给亲人和朋友留下一份特别的纪念。

你需要准备：
彩色卡纸和铅笔
颜料和画笔
塑料叉子
黑色和白色的泡沫纸
剪刀
胶水

24

1

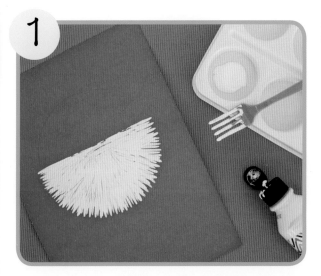

在卡纸上画一个圆形。用塑料叉子蘸上白色的颜料，把圆形的下半部分涂成白色，让半圆形的边缘呈现出多刺的形状，然后将它放在一旁晾干。

2

用塑料叉子蘸上黄色的颜料，在白色的半圆上再画一个黄色的圆形，用画笔画出鱼鳍。当颜料干透后，在鱼鳍上画出几条白色的线条。

3

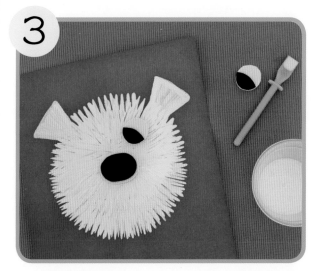

用黑色和白色的泡沫纸剪出眼睛和嘴的形状，用胶水将它们贴在图画上。

4

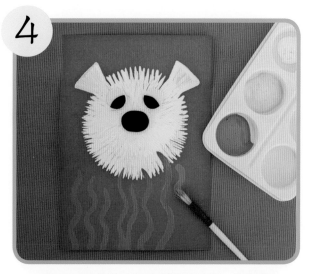

最后，用画笔蘸上绿色的颜料，画一些海草。刺河豚画就完成啦！看到这幅画，你是不是仿佛置身于海底世界？

章鱼迷宫

章鱼（Octopus）是一种不同寻常的动物。它们有三个心脏、八条触腕，血液是蓝色的，并且没有骨头。有些章鱼还能随心所欲地改变自己的颜色！

聪明的章鱼

章鱼非常聪明，它们甚至会走迷宫。你能帮助下一页的这只章鱼走出迷宫吗？

如果章鱼感受到了威胁，它们会喷出墨汁迷惑敌人。

章鱼的触腕上遍布着吸盘，可以牢牢地抓住猎物。

终点

哎呀，这可不是正确的路。有一条饥肠辘辘的鲨鱼正在寻找美食呢！快回去吧！

龙虾是章鱼非常喜欢的食物。在这里吃顿大餐，然后赶紧回去，重新走迷宫吧。

起点

海豚是章鱼的天敌之一。快喷出墨汁逃跑吧！重新选择一条正确的路线。

鹦鹉鱼

鹦鹉鱼（Parrotfish）的牙齿因为生存需要而进化成了两排紧密的齿片，就像鹦鹉的嘴一样，因此得名"鹦鹉鱼"。

甜蜜的家

鹦鹉鱼生活在有珊瑚礁的浅海中，主要以啃食珊瑚礁上的藻类和小型动物为生，这有利于珊瑚的生长。

你知道吗？

有些鹦鹉鱼在睡觉时，会分泌黏液，以保护自己不被天敌打扰。

造沙机器

　　隆头鹦鹉鱼每天都要吞下大量的珊瑚礁石。坚硬的珊瑚经过它们的消化道之后，会变成细密的沙子，这就是细珊瑚沙的主要来源。想不到吧？海岛上美丽的白沙竟然是鹦鹉鱼的便便！

隆头鹦鹉鱼是世界上体形最大的鹦鹉鱼。

雄鱼还是雌鱼？

　　鹦鹉鱼是一种群居性鱼类，一个鱼群中通常包括一条雄鱼和数条雌鱼。当雄鱼死去后，其中一条雌鱼就会变成雄鱼，取代它的位置。

雄性蓝纹鹦鹉鱼

雌性蓝纹鹦鹉鱼

29

蛋盒海洋世界

只需要一个蛋盒（装鸡蛋的纸盒）、一些彩色的泡沫纸和几个贝壳，你就能创造出属于自己的海洋世界！

你需要准备：
蛋盒，蓝色的颜料，画笔，闪粉胶水，蓝色的粉笔，剪刀，粉色、橘红色和绿色的泡沫纸，贝壳，水钻

1

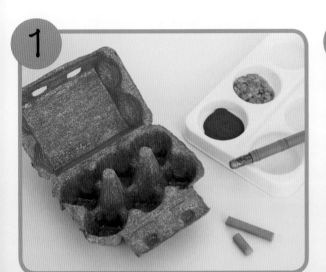

把蛋盒涂成蓝色, 晾干。再涂上一层蓝色的闪粉胶水, 晾干。然后, 用蓝色粉笔画出波浪的形状。

2

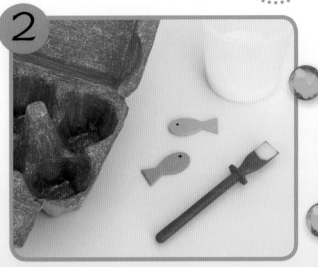

用粉色和橘红色的泡沫纸剪出几条小鱼的形状。将这些小鱼粘在蛋盒顶部。

3

用绿色的泡沫纸剪出海藻的形状, 然后将海藻粘在蛋盒底部。

4

把水钻错落地粘在蛋盒里, 再放入贝壳, 蛋盒海洋世界就完成啦!

索引

致　谢

The publisher would like to thank the following for their kind permission to reproduce their photographs: (Key: a-above; b-below/bottom; c-centre; f-far; l-left; r-right; t-top)
2 123RF.com: Eric Isselee (cb). **Dorling Kindersley:** Jerry Young (crb). **2-3 naturepl. com:** Chris & Monique Fallows (c).
3 Alamy Stock Photo: Kevin Schafer (cla). **4 Alamy Stock Photo:** David Wall (cb); Stephen Frink Collection (clb). **Fotolia:** uwimages (cb/anemonefish). **naturepl.com:** Alex Mustard (crb); Pascal Kobeh (cra). **4-5 naturepl.com:** Doug Perrine (t). **5 Dorling Kindersley:** Linda Pitkin (clb).
naturepl.com: Brandon Cole (cl); Michael Pitts (cla); Doug Perrine (cra). **6 naturepl.com:** Mark Carwardine (cl). **6-7 naturepl.com:** Alex Mustard (b). **7 Dorling Kindersley:** Jerry Young (clb).
naturepl.com: Brandon Cole (ca); Doug Perrine (cla, cra); Chris & Monique Fallows (c). **10 123RF.com:** Brian Kinney (tr); Eric Isselee (clb); mexrix (cb). **11 123RF.com:** Christopher Waters (clb); Olga Khoroshunova (tc); Eric Isselee (cla). **Dorling Kindersley:** Jerry Young (cra); Linda Pitkin (crb). **16 Alamy Stock Photo:** Westend61

GmbH. **17 Alamy Stock Photo:** Kevin Schafer (cr). **naturepl.com:** Elaine Whiteford (l); Michael Pitts (br). **22 Dorling Kindersley:** Jerry Young (cr). **23 Alamy Stock Photo:** Tsuneo Nakamura / Volvox Inc (b). **26 Alamy Stock Photo:** Blickwinkel. **27 123RF.com:** Jennifer Barrow / jenifoto (crb); Sergey Nivens / nexusplexus (br). **Fotolia:** Rolffimages (cla). **28 Dorling Kindersley:** Linda Pitkin (cla). **FLPA:** Reinhard Dirscherl (br). **29 Dorling Kindersley:** Linda Pitkin (c). **FLPA:** Colin Marshall (crb/Parrotfish); Fred Bavendam / Minden Pictures (crb).
32 123RF.com: Eric Isselee (cb). **Dorling Kindersley:** Linda Pitkin (crb). **Fotolia:** uwimages (bc). **naturepl.com:** Brandon Cole (tr). **Cover images:** Back: **Dreamstime.com:** Secondshot clb

All other images © Dorling Kindersley
For further information see: www.dkimages.com

Dorling Kindersley would also like to thank James Mitchem for editorial assistance, Sophia Danielsson-Waters and Helene Hilton for proofreading.

扫描二维码
观看图书伴读视频